...ANGLAIS

DESTINÉ

JOURNAL DE VOYAGE PRÉSENTÉ

...JEUNES OFFICIERS DE LA MARINE MARCHANDE

PAR

UN CAPITAINE AU LONG-COURS

*L'idée de voyager pour s'instruire ne vient pas
facilement aux Français, ils ne soucient guère
de ce qui se passe hors de chez eux.*

(Extrait des journaux, 1870-1871.)

BORDEAUX

IMPRIMERIE DE J. DELMAS

Rue Sainte-Catherine, 139

1872

HUIT PORTS ANGLAIS

A VOL D'OISEAU

JOURNAL DE VOYAGE PRÉSENTÉ

AUX JEUNES OFFICIERS DE LA MARINE MARCHANDE

PAR

UN CAPITAINE AU LONG-COURS

> L'idée de voyager pour s'instruire ne vient pas
> facilement aux Français. Ils se soucient assez peu
> de ce qui se passe hors de chez eux.
>
> (Extrait des journaux, 1870-1871.)

BORDEAUX

IMPRIMERIE DE J. DELMAS

Rue Sainte-Catherine, 159.

1872

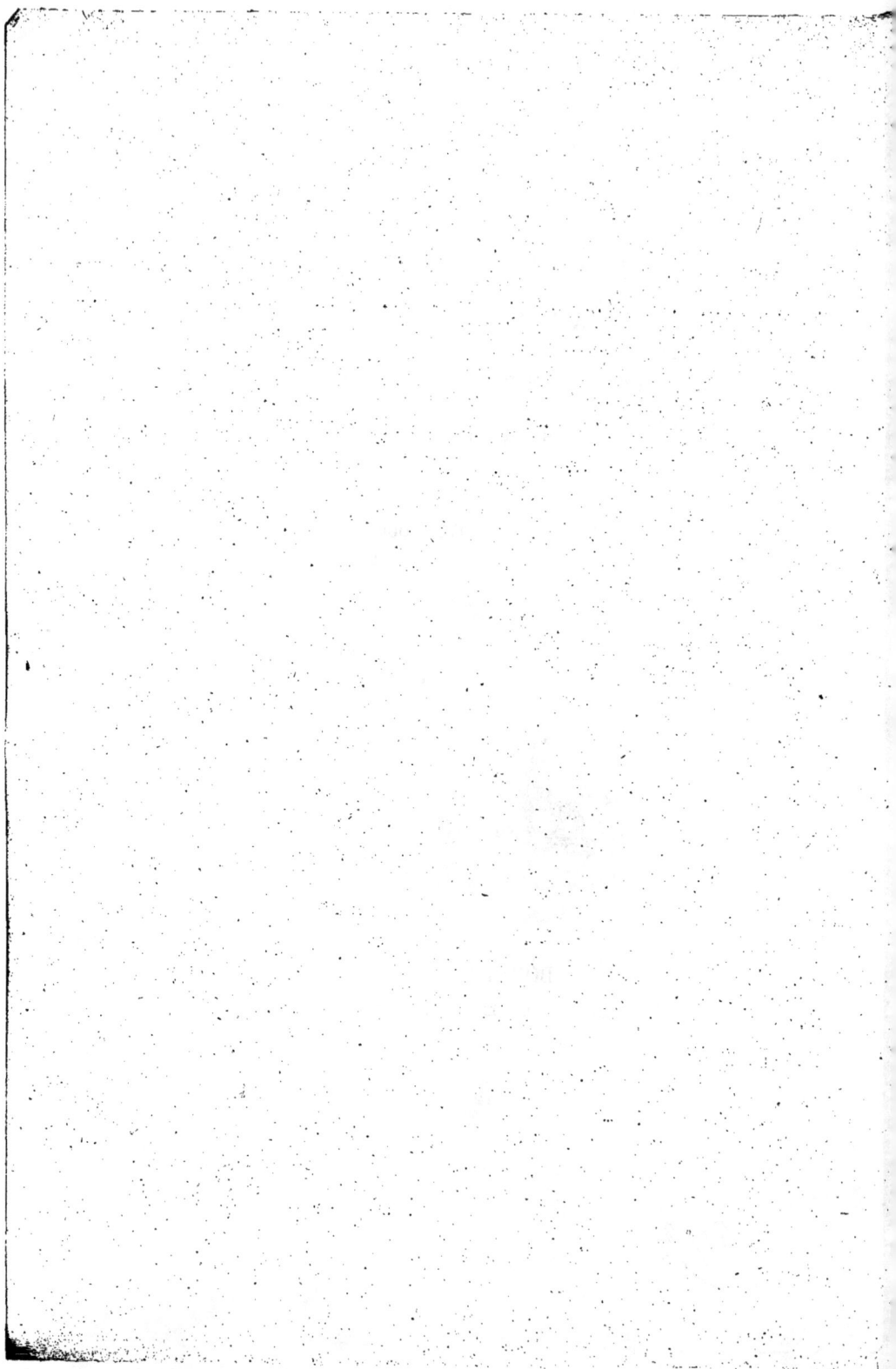

HUIT PORTS ANGLAIS

A VOL D'OISEAU

JOURNAL DE VOYAGE PRÉSENTÉ

AUX JEUNES OFFICIERS DE LA MARINE MARCHANDE

Par un capitaine au long-cours.

NOTA. — Le 15 novembre dernier, voilà deux mois et demi, l'insertion entière, dans un seul numéro, de la lettre et de la note qui suivent, avait été demandée à un journal de notre ville. Ce journal n'ayant pu disposer de la place nécessaire, nous nous décidons à retirer notre manuscrit de la Bibliothèque de la Chambre de commerce, où nous l'avions laissé tout un mois, et à le faire imprimer à nos frais.

A Monsieur le Rédacteur du journal ***

Monsieur,

En juin dernier, le crayon à la main, et toujours courant, j'ai fait une visite de quelques heures aux ports anglais suivants :

Liverpool, — Glasgow, — Leith, — Newcastle,
Sunderland, — Cardiff, — Southampton, — Jersey.

Mon but était :

1° Voir les chantiers de construction, et y compter les voiliers bois et les voiliers fer, — les vapeurs bois et les vapeurs fer, à hélice ou à roues ;

2° Voir les docks et leur outillage, et y compter les navires, par catégories, comme dans les chantiers.

On ne sait bien que ce qu'on a vu de ses yeux. Je voulais savoir au juste ce qu'il y avait de vrai dans ce qu'on disait chez nous : qu'en Angleterre on ne faisait plus un seul navire en bois, — qu'on n'en verrait bientôt plus un seul dans les docks, — qu'en 1871, les seuls chantiers de la Clyde seraient en mesure de lancer toute une flotte marchande en fer, à vapeur et à hélice, de 100,000 tonneaux,— qu'enfin, notre marine marchande française était perdue, si nous n'abrogions au plus tôt la loi de mai 1866, et si nous ne nous hâtions de créer des lignes de vapeurs....

Mes notes, prises sur le vif, et que je pourrais appeler des *photographies instantanées,* tant elles ont été rapides, mes notes qui dormaient depuis trois mois au fond de mon bureau, quelques amis, parmi lesquels de jeunes marins, me font l'honneur de me les demander aujourd'hui.

Quelque incomplètes qu'elles puissent être, quelque décousues et imparfaites qu'elles soient dans leur forme et dans leur style (ayant été écrites toujours courant, comme j'ai eu l'honneur de vous le dire, dans les gares, dans les docks, dans les chantiers, en vapeur ou en wagon), je veux bien les leur communiquer, mais à une condition, difficile peut-être à obtenir de vous, Monsieur le Rédacteur, c'est que vous voudrez bien me prêter une page entière de votre journal, et que vous les jugerez dignes de la remplir convenablement.

Je les leur communiquerai alors d'autant plus volontiers que peut-être aujourd'hui, du moins à mon sens, nos jeunes officiers de la marine marchande, je veux dire nos jeunes seconds et nos jeunes capitaines de vingt-quatre ans, ne sont pas tout ce qu'ils pourraient être, et qu'il me paraît conséquemment utile de mettre sous leurs yeux tout ce qui peut servir à leur inspirer le goût des choses du commerce.

Non que ce soit leur faute s'ils ne sont pas plus complets! Mais l'enseignement de nos écoles d'hydrographie, qui sont leurs seules écoles, n'est pas suffisant.

Le marin de nos jours se fait une gloire d'avoir débuté à douze ans dans la navigation; de sorte que l'instruction du capitaine ne diffère presque de celle du matelot que par une année d'école d'hydrographie : de vingt-trois à vingt-quatre ans.

Ce sentiment d'un juste orgueil me paraît tout simplement cacher une grave faute économique.

Certes, le métier est rude, et tout le premier je tiens en estime le cou-

rageux enfant de douze ans qui de l'école passe de plain-pied sur le pont
d'un navire. Et il faut peut-être convenir aussi que ce système est le
meilleur pour former des capitaines habiles manœuvriers et durs au
métier. Mais on ne refusera pas de reconnaître qu'en France, aujourd'hui,
il y a pénurie d'officiers capables de conduire les navires commer-
cialement.

Et on le reconnaîtra de plus en plus, à mesure que la vapeur simpli-
fiera la navigation, et que l'électricité multipliera les affaires.

S'il m'était permis d'exprimer ici un humble avis, je trouverais tout à
fait opportune la création, dans chacun de nos ports, d'une *École pratique de Commerce maritime et de Géographie*, où, de treize à seize ans,
par exemple, on parlerait construction de navires à voiles et à vapeur, —
achat et vente de navires, — achat et vente de marchandises, — fret, —
avaries, — assurances, — produits des divers pays, — aux futurs repré-
sentants de notre commerce à l'étranger, aux futurs armateurs et aux
futurs capitaines.

Et pourquoi non? Est-ce que le commerce maritime n'est pas la moitié
de la vie d'un grand peuple? Voudrions-nous descendre au rang du Chili
ou du Pérou? Est-ce qu'il n'y aurait pas là matière à un enseignement très-
élevé et très-supérieur, capable de tenter les professeurs les plus distin-
gués? Et s'il faut de grands horizons aux grandes intelligences, est-ce que
des relations embrassant le monde entier, et ayant pour objet les besoins
moraux et les besoins physiques de tous les peuples, ne sont pas dignes
de les occuper?

Une maxime anglaise, qu'il ne faut pas perdre de vue, dit : « Le
maître du commerce du monde est le maître du monde. »

Lyon et Marseille viennent, me dit-on, de faire quelque chose dans le
sens d'une école de ce genre. Bordeaux ne voudra pas rester en arrière.

Cette école aurait ses modèles de navires, ses échantillons de produits,
ses sphères et ses cartes, son cours de langue anglaise, son cours de
droit commercial et maritime, etc., enfin, tout ce qui constituerait une
haute école professionnelle.

Plus tard, l'École d'hydrographie, un peu moins sévère qu'aujourd'hui
sur les mathématiques, terminerait l'instruction spéciale du marin.

Et, dans tout cela, il faut se hâter, selon nous; car, de même que
pour réparer les récents malheurs du pays, il faut plus se préoccuper de
la partie morale de notre éducation que du perfectionnement des armes,

2

de même, en navigation, il faut plus chercher le progrès dans l'éducation commerciale de nos marins, que dans la substitution de la vapeur à la voile.

Notre infériorité commerciale est une des nombreuses causes de notre infériorité maritime. Elle explique, en partie, notre retard sur les marines concurrentes.

Je m'arrête, Monsieur, car sur cette pente on pourrait aller loin, et d'ailleurs je sors et des bornes de mon sujet et des bornes d'une lettre.

J'ai donc l'honneur de vous remettre ci-joint le journal de mon voyage, afin que ceux qu'il vise à intéresser puissent en prendre connaissance dans votre excellent journal, heureux si mes jeunes amis y trouvent ce qu'ils y cherchent, bien satisfait du moins de les avoir attirés un instant vers des études si pleines d'intérêt.

Veuillez agréer, Monsieur le Rédacteur, mes salutations bien distinguées.

ÉDOUARD GUÉRIN, *capitaine au long cours.*

Bordeaux, le 15 novembre 1871.

P. S. — J'ai touché en passant, et par occasion, les difficiles questions du *Fret de sortie, de l'Inscription maritime* et du *Libre échange.* Je n'ai certes pas la prétention de les avoir tranchées. Je me féliciterai au contraire si j'en ai su bégayer le premier mot.

LIVERPOOL

Liverpool est situé tout à fait à l'embouchure de la Mersey, rive droite, absolument comme Royan à l'embouchure de la Gironde.

En face, rive gauche, est Birkenhead, comme la Bastide en face de Bordeaux.

La largeur de la Mersey est là de 900 mètres environ, le double de la Garonne devant la Bourse.

Profondeur moyenne de l'eau : 7 brasses environ.

Sur rade, à peine 5 ou 6 navires arrivant, ou en partance; mais, dans les docks, tout le long de la rivière, les mâts fourmillent sur une étendue de deux lieues.

Pourquoi cette immense rade nue?

Sans doute, d'un côté, les brumes continuelles, et de l'autre, les tempêtes de l'hiver du canal Saint-Georges eussent rendu trop difficiles les mouvements des navires et les opérations de chargement et de déchargement; et alors les docks ont été pour Liverpool une question de vie ou de mort.

Lu quelque part que dans les grandes marées d'équinoxe il ne restait pas assez d'eau sous la quille des grands navires; mais le capitaine et le pilote du *Coquimbo,* vapeur de 2,000 tonnes, de la *Pacific Steam Navigation Company,* sur lequel nous avons fait le voyage de Bordeaux à Liverpool, affirment le contraire. Pas d'autres renseignements possibles.

Liverpool a 500,000 habitants, et Birkenhead 40,000.

Le service d'une rive à l'autre est fait par une multitude de FERRY-BOATS, bacs à vapeur à un étage, pour 400 passagers environ. Chose singulière, avec les mœurs soi-disant libres des Anglais: on ne peut y fumer qu'avec de sévères restrictions : NO SMOKING ALLOWED — SMOKING STRICTLY PROHIBITED, EXCEPT WITHIN THE BRASS LINES AT THE END OF THIS BOAT, OR BETWEEN THE PADDLE BOXES : Pas permis de fumer — absolument défendu de fumer, excepté en dedans des lignes de cuivre, au bout du bateau, ou entre les tambours.

Bacs à roues, pointus avant et arrière, à deux machines indépendantes.

Tous les commandements à la machine transmis par l'électricité.—Silence absolu de ce côté. On croirait le navire animé. Chez nous, au contraire, rien ne se fait qu'avec des cris.

Les rives de la Mersey sont de sable. Les docks ont donc été construits, non dans la vase, mais dans le sable.

Il y a à Liverpool 30 docks d'une surface d'eau de 160 hectares. Entreprise particulière. Coût : environ 300 millions de francs. Le premier date de 1709. Un chemin de fer américain, à double voie, longe toute la ligne, de Canada dock à Brunswick dock. Prix des places : 6 sous par personne. Chaque bassin, à deux mètres du bord de l'eau, a ses vastes hangars fermés. Le chemin de fer passe entre ces hangars et les maisons de la façade, qui ne sont pas belles, il faut l'avouer. Mais de superbes entrepôts (WAREHOUSES), véritables monuments à cinq et six étages, et longs de 150 et 200 mètres, se succèdent presque sans interruption d'un bout à l'autre de la ville.

Les 30 et 31 mai 1871, visite des docks en détail, avec l'intention de voir de nos propres yeux les merveilles de rapidité et de facilité de chargement et déchargement des navires, et aussi, question des plus intéressantes aujourd'hui, les proportions en nombre des voiliers bois et des voiliers fer, des steamers bois et des steamers fer, à hélice ou à roues.

Fait le relevé suivant :

	VOILIERS BOIS	VOILIERS FER	STEAMERS FER
A LIVERPOOL :			
1. CANADA DOCK	33	»	5
2. HUSKISSON DOCK	33	»	7
3. SANDON DOCK (1848)	1	»	8
Ici, 6 GRAVING DOCKS; longueur 250 mètres l'un, où	1	»	7
4. WELLINGTON DOCK (1848). . . .	15	»	5
5. BRAMLEY-MOOR DOCK	20	»	8
6. NELSON DOCK	8	»	4
7. COLLINGWOOD DOCK (1848). . .	6	»	3
8. STANLEY DOCK (1848)	14	»	»
Ici, 4 GRAVING DOCKS; longueur 200 mètres l'un, où	3	1	»
9. CLARENCE DOCK.	»	»	11
10. TRAFALGAR DOCK.	»	»	6
11. VICTORIA DOCK	14	1	1
12. WATERLOO DOCK	15	»	1
13. PRINCE'S DOCK.	47	5	»
14. GEORGE'S DOCK.	25	1	»
15. CANNING DOCK.	19	»	»
Ici, 2 GRAVING DOCKS; longueur 250 mètres l'un, où	1	»	»
16. ALBERT DOCK	8	3	»
17. DUKE'S DOCK.	1	3	»
18. SALTHOUSE DOCK.	12	9	»
19. KING'S DOCK (1857)	27	»	»
20. KING'S WAPPING DOCK.	6	6	»
21. QUEEN'S DOCK	17	2	2
Ici, 2 GRAVING DOCKS, où	4	»	»
22. COBURG DOCK	2	1	12
23. BRUNSWICK DOCK.	13	»	2
Ici, 2 GRAVING DOCKS; longueur 200 mètres l'un		Vides.	
24. TOXTETH DOCK.	6	»	»
25. HARRINGTON DOCK.	7	»	1
Ici, 1 GRAVING DOCK		Vide.	
Sur rade, 31 mai, midi	7	»	1 · 40 FERRY-BOATS
A BIRKENHEAD :			
26. MORPETH DOCK (1847)	»	1	»
27. EGERTON DOCK	»	»	3
28. ALFRED DOCK	»	»	3
29. THE GREAT FLOAT . . . . (Assez vaste pour 100 navires.)	25	5	14
Ici, 2 GRAVING DOCKS, où	2	»	1
	390	36	145

Ni bateaux de rivière, ni caboteurs compris dans tous ces chiffres. Tous les vapeurs, de grande dimension, et, [parmi les voiliers, un grand nombre de 1,200, 1,500, 2,000 tonnes de port. Au total :

571 navires du port estimé de 450,000 tonneaux, le tiers du tonnage de la France entière.

Le 24 juin 1871, 24 jours plus tard, Bordeaux comptait :

Voiliers bois, non compris gabares ni caboteurs. . . 123
Voiliers fer. : 3
Vapeurs fer, y compris hirondelles, gondoles, abeilles 47

Ensemble. . . . . 173 navires

du port estimé de 70,000 tonneaux.

Les Graving-Docks, au nombre de vingt, capables de recevoir à la fois 50 navires de dimensions moyennes, sont les bassins de carénage et de réparation.

On appelle *Wet Docks* les bassins à flot pour grands navires. Tous les docks nommés ci-dessus sont des wet docks. On nomme *Dry Docks*, les bassins qui assèchent, pour caboteurs.

Chantiers de navires à peu près déserts. Liverpool a 1 vapeur fer à hélice, et Birkenhead, 3. Glasgow et Newcastle, depuis l'emploi presque unique du fer, ont accaparé toute la construction, parce que le fer et la houille y sont à pied d'œuvre.

Murs des quais couverts de tableaux-affiches :

National Line, to New-York — Boston — Quebec.
Guion Line, United-States mail steamers.
Allan Line, for Quebec — New-York — Boston.
Anchor Line, Atlantic service.
Thames and Mersey Line, for Melbourne.
Liverpool line, for Melbourne.
White Star Line, Melbourne and New-York, clippers et steamers.
Cunard Line, Royal mail steamers for New-York.

Et une foule d'autres. Tout le monde au courant des départs et des docks où se trouvent les navires.

1er juin 1871, quatre heures du soir, visité la magnifique Bourse de Liverpool. — D'abord une grande cour à ciel ouvert, avec la statue de Nelson, en bronze, au milieu. Sur le socle, ce mot prononcé à la funeste bataille de Trafalgar :

England expects every man to do his duty.	L'Angleterre compte que chacun fera son devoir.

Façade du monument décorée des statues en marbre de Cook — Raleigh — Mercator — Galileo — Drake — Columbus.

Des groupes affairés sont formés dans la cour. Un fait significatif : on croirait qu'il neige du coton, le vent en roule des flocons, et les vêtements sombres de tous les hommes en sont blanchis. — Liverpool est le port de Manchester, le grand centre manufacturier, distant seulement de deux heures, et qui consomme annuellement aujourd'hui un million et demi de balles venues des États-Unis, des Antilles, du Brésil, de l'Égypte et de l'Inde.

De la cour, passé dans la grande et riche salle (Liverpool exchange news rooms) neuve, fondée par souscription. Tout y est or et peinture. Le jour entre par une immense coupole. Nous lisons à la couronne d'où s'élance cette coupole, cette belle légende que le jour inonde :

O Lord! how manifold are thy works!—In wisdom hast thou made them all. — The earth is full of thy riches.—So is this great and wide sea....

O Seigneur! combien tes œuvres sont variées! — Tu as tout fait avec sagesse. — La terre est pleine de tes richesses.—Et aussi cette grande et vaste mer....

Le peuple qui a écrit cela à la place la plus apparente du lieu de ses réunions est-il aussi enfoncé qu'on veut bien le dire dans les intérêts matériels ? Ce cri du peuple de la terre qui a accepté la loi du travail avec le plus de courage et d'énergie, ne prouve-t-il pas, au contraire, qu'il tient malgré cela la balance égale entre les besoins du corps et ceux de l'esprit?

Vers les quatre angles de la vaste salle, quatre énormes pupitres, avec toutes les feuilles commerciales et maritimes des principales places du monde. Sur de longues tables, entre ces pupitres, les cours des principales denrées, les stocks, les affaires de toute nature traitées la veille, les mouvements des docks, la traduction en anglais des faits saillants de la politique.

Vaste bureau de renseignements dans le carré même de la salle, avec trois secrétaires.

Sur une vaste table carrée, toutes les publications nouvelles ayant trait aux questions maritimes. Noté un ouvrage intéressant : « Our Ocean highways, a condensed universal route-book by sea, by land, and by rail. — London, Edward Stanford, 6 et 7, Charing-Cross, 1870. » — Remarqué aussi un registre, établi en 1862, spécialement pour les navires en fer, registry for iron vessels. Nous n'en sommes pas là, chez nous. Tous les registres étrangers : « Registro italiano. — Germanischer Lloyd. — Veritas Austriaco. — American Lloyds, divisé en catégories : ships — barks — bricks — schooners — steamers. »

Cinq heures soir, on ferme les portes. Visite tout à fait insuffisante. Mais notre itinéraire est tracé, nos heures sont comptées, le vapeur qui doit nous porter à Glasgow chauffe dans Clarence Dock.

On parle français et on est traité à prix modéré, PELICAN-HOTEL, WELLINGTON SQUARE, à cinq minutes des quais.

GLASGOW

Nous étions parti de Pauillac pour Liverpool sur le vapeur à hélice de la Compagnie anglaise du Pacifique, le *Coquimbo*, de 1,130 tonneaux de registre et 2,000 de port environ, construit par MM. John Elder et Cie, « engineers and ship-builders, Glasgow, 1871. » — Nous avions payé 125 fr. en première classe, tout compris, nourriture abondante, et nous avions mis 66 heures pour faire la route, filant 10 nœuds, belle mer, mais fraîche brise debout. — Nous venons (2 juin 1871) de faire le voyage de Liverpool à *Greenoch* (250 milles) en 18 heures, et pour 17 shillings, 1re classe, tout compris.

Vapeur neuf à hélice, *Raven*, 490 tonneaux de registre, « James and George Thomson, engineers and ship-builders, Glasgow, 1871, » brûlant un peu plus de un tonneau de charbon par heure et embarquant 50 tonneaux pour le voyage aller et retour entre Greenoch et Liverpool; équipage 28 personnes : 1 captain — 1 mate — 1 second mate — 1 pilot — 10 sailors men — 2 engineers — 6 coalmen — 4 stewarts, hommes et femmes — 1 boy — 1 cook.

Greenoch, dans la rivière la Clyde, rive gauche, est le Pauillac de Glasgow, 40,000 habitants. Distance entre ces deux villes, vingt et un milles. Le voyage se fait en deux heures et demie par les vapeurs, et en demi-heure par le chemin de fer. Prix, aux premières, par l'une ou l'autre voie, 1 shilling 6 pence. Largeur de la Clyde devant Greenoch, 500 mètres environ, comme notre Garonne sous le pont. Vaste et belle rade pour 400 à 500 navires.

Greenoch a quatre docks sans portes, c'est-à-dire communiquant librement avec la mer et toujours à flot.

	VOILIERS BOIS	VAPEURS FER
PREMIER DOCK	7	1
DEUXIÈME DOCK	4	2
TROISIÈME DOCK	6	4
QUATRIÈME DOCK	12	3
	29	10

Ensemble, 29 voiliers bois et 10 vapeurs fer, tous très-grands navires. L'un des trois vapeurs fer du quatrième dock, le *Mirzapore*, de Londres, dépasse 4,000 tonneaux de port. Tonnage estimé dans ces docks : 25,000 de port, pour les voiliers, et 25,000 également pour les vapeurs. Mais la surface d'eau de chacun de ces docks égale au moins une fois et demie notre place Dauphine, à Bordeaux, et il y a place dans les quatre ensemble pour 100 navires de grand tonnage.

Entre ces docks, 2 *Graving Docks* pour 4 grands navires.

Greenoch et *Port-Glasgow* sont si rapprochés, qu'on dirait une seule et même ville. On compte deux kilomètres de centre en centre. Les faubourgs se confondent. Port-Glasgow est en amont. Cette petite ville, ou plutôt ce chantier de construction, est peuplé de 5 à 6,000 habitants. Tous les hommes forgerons. Il y a là une physionomie particulière. Tout, jusqu'à l'apparence extérieure des maisons, y respire marine ; des vaisseaux, ballottés par la tempête, sont sculptés dans la pierre, au-dessus des croisées et des portes. Nous en remarquons un qui porte dans son pavillon cette fière légende :

TER ET QUATER ANNO

REVISENS

ÆQUOR ATLANTICUM

IMPUNÈ !

Mais c'est un clipper, celui-là.

Il y a à Port-Glasgow trois docks sans porte et toujours à flot, comme ceux de Greenoch. Leur surface, ensemble, égale une fois et demie notre place Dauphine. Mais deux sont vides en ce moment. Dans le troisième il y a : VOILIERS BOIS, 2 — VAPEURS FER, 4.

A côté, un *Graving Dock* de 125 mètres de longueur.

Entre Greenoch et Port-Glasgow, dans ce petit espace de quatre kilomètres, 22 steamers en fer, à hélice, et 2 voiliers fer, en construction.

GLASGOW, à vingt et un milles en amont de Greenoch et de Port-Glasgow, comme nous l'avons déjà dit, est à la fois le Manchester et le Birmingham de l'Écosse, ses deux grandes et principales industries étant le coton et le fer. C'est une très-grande ville. Elle a 450,000 habitants.

Elle est à cheval sur la Clyde, qui n'a en cet endroit que 125 mètres de large. Le pont principal, qui est en pierre, n'a que sept petites arches.

Si la Clyde est navigable jusque-là aux grands navires de 1,200 et 1,500 tonnes de port, c'est grâce aux dragages continuels et puissants.

En 1869, l'effectif du port de Glasgow était de près de 900 navires, jaugeant au-delà de 400,000 tonneaux (soit une moyenne d'environ 450 tonneaux par navire), dont 300 vapeurs avec 116,000 tonneaux.

Il n'y a qu'un seul dock à Glasgow, sans porte et toujours à flot : *Kingston Dock*, sur la rive gauche, d'une surface de deux hectares environ. Nous y avons compté 28 navires, le 3 juin 1871 :

VOILIERS BOIS. 22
VOILIERS FER 1
VAPEURS FER. 5

Sur rade, ou sur la route, durant un voyage de Glasgow à Greenoch, à bord du vapeur *Sultan*, compté :

VOILIERS BOIS. 17
VOILIERS FER. 5
VAPEURS FER. 56

D'autres docks seraient inutiles à Glasgow, car la Clyde, devant la ville, est elle-même un vaste wet-dock, encaissée comme elle est et bordée aux deux rives de quais en belles pierres garnis d'immenses hangars fermés.

Mais ce qu'il y a de plus remarquable dans la Clyde, ce n'est pas tant les navires à flot que les navires en construction.

Si, parmi les navires à flot, les navires en fer sont égaux en nombre aux navires en bois, on ne voit sur les chantiers pas d'autres navires que des navires en fer, les cinq sixièmes à vapeur et à hélice.

Noté de Glasgow à Paisley, 2 rives. . . . . 36 navires fer.
à Paisley, rive gauche. 8
à Dumbarton, rive droite. 3
Déjà indiqué à Greenoch et Port-Glasgow. 24

Ensemble. . . . 71 navires fer, en construction, du port moyen de 1,200 tonneaux, soit au total 85,000 tonnes, dont 7 voiliers, et 64 vapeurs.

Et c'était un moment de calme, car au début de cette année 1870, il y avait en chantier, ici, 80 vapeurs et 15 voiliers, tous en fer.

Quand on songe à cette incroyable activité ; et que tous ces navires sont commencés depuis deux, trois mois à peine ; et que toutes les industries maritimes de France, déjà si menacées avant la guerre, sont à peu près paralysées depuis ; et que l'isthme de Suez est à peine ouvert.... il est impossible que l'idée ne vienne pas à tout Français que c'est pour profiter d'une occasion unique, et pour accaparer tous les profits de l'œuvre de M. de Lesseps, que toute cette superbe flotte, pourvue des derniers perfectionnements de la science, va, dans quelques semaines, être jetée à la mer.

Quels magnifiques types ! Et qu'il y a loin de là à la machine du serrurier Newcomen, même corrigée par l'habile mécanicien de Greenoch, James

4

Watt! Combien Adam Smith lui-même, s'il pouvait voir aujourd'hui ce que sont les puissants et admirables ateliers de la Clyde, où chaque ouvrier est spécial à chaque pièce, n'admirerait-il pas les merveilleux effets de sa belle théorie de la *Division du Travail!*

Même date, 3 juin 1871, 5 h. soir. Qu'on nous pardonne ce détail : il a sa signification. Un monsieur, dans Kingston Dock, nous présente un petit papier imprimé, puis il se glisse dans un FLOATING CHURCH (église flottante), où il en fait une distribution à des matelots. C'était la veille du dimanche, et c'était un petit sermon.

Notre vapeur RAVEN, travaillant toute la nuit (la douane le permet sans doute), avec vingt hommes à chacun de ses trois panneaux, a terminé son déchargement en vingt-huit heures.

LEITH

Nous ne voulions pas d'abord nous arrêter à Leith, n'attribuant à ce port qu'une faible importance. Mais, vu les progrès rapides de toutes les choses de la marine en Angleterre, nous nous sommes décidé à y passer quelques heures.

Pris le train de six heures soir, dimanche 4 juin 1871. Arrivé à Édimbourg quatre heures après, à dix heures. Grand jour encore : on peut lire facilement un journal; effet de latitude. Prix : en première classe, 6 shillings.

Leith, qui a 40,000 âmes, est le port d'Édimbourg qui en a 160,000; ou plutôt, Leith-Édimbourg est aujourd'hui une seule et même ville de 200,000 habitants.

Leith, à l'embouchure de la rivière, c'est-à-dire du ruisseau qui porte le même nom, n'est qu'un port de cabotage, il est vrai, et son effectif de tonnage est de 200 navires à peine, d'une jauge de 50,000 tonneaux environ; mais son mouvement général (entrées : 712,000 tonneaux; sorties : 707,000 tonneaux), atteint presque celui de Bordeaux en 1869.

La qualité de la houille y étant inférieure, Leith en exportait peu autrefois; mais avec les chemins de fer, il lui en vient de tous les environs, et son exportation en Norwége et dans la Baltique, d'où elle rapporte des bois et des grains, est devenue très-considérable.

Ce port a en outre, comme fret de sortie, ses tissus de laine et de coton dont la fabrication ne le cède en importance qu'à celle de Manchester, les toiles peintes, le fer en barres, la tôle de fer, les canons et les machines à vapeur.

5 juillet 1871. Visité les trois docks, la rade et le port.

	VOILIERS BOIS	VAPEURS FER
OLD DOCK, 2 grands bassins (3 hectares)	28	»
DOCK VICTORIA (1 hectare 1/2)	1	6
TROISIÈME DOCK	1	4
En rade, accostés à la jetée.	»	4
Dans la rivière	2	8
En construction.	1	2
En réparation.	»	3
3 GRAVING DOCKS.	Vides.	
	33	27

Ensemble, 60 navires, la plupart, surtout les vapeurs, dans les grandes dimensions; le tonnage des vapeurs, égalant ou dépassant celui des voiliers.

Impossible de traverser Édimbourg, quoique cela sorte un peu de notre sujet, sans aller voir le monument de l'amiral Nelson, et lire et copier sur notre calepin, pour la proposer à la méditation de nos marins, l'inscription commémorative que la capitale de l'Écosse, surnommée l'Athènes du Nord, a fait graver sur le socle :

Ce monument domine CALTON-HILL (colline Calton), qui domine elle-même les deux villes, la rade et la mer :

TO THE MEMORY

OF VICE-ADMIRAL

HORATIO LORD VISCOUNT NELSON,

AND OF THE GREAT VICTORY OF TRAFALGAR

TOO DEARLY PURCHASED WITH HIS BLOOD,

THE GRATEFUL CITIZENS OF EDINBURG

HAVE ERECTED THIS MONUMENT,

NOT TO EXPRESS THEIR UNAVAILING SORROW FOR HIS DEATH,

NOT YET TO CELEBRATE THE MATCHLESS GLORIES OF HIS LIFE,

BUT, BY HIS NOBLE EXAMPLE, TO TEACH THEIR SONS

TO EMULATE WHAT THEY ADMIRE, AND, LIKE HIM,

WHEN DUTY REQUIRES IT,

TO DIE FOR THEIR COUNTRY.

A LA MÉMOIRE
DU VICE-AMIRAL
HORACE LORD VICOMTE NELSON,
ET DE LA GRANDE VICTOIRE DE TRAFALGAR
TROP CHÈREMENT PAYÉE DE SON SANG,
LES CITOYENS RECONNAISSANTS D'ÉDIMBOURG
ONT ÉLEVÉ CE MONUMENT,
NON POUR EXPRIMER LEUR INUTILE CHAGRIN DE SA MORT,
NI MÊME POUR CÉLÉBRER LES INCOMPARABLES GLOIRES DE SA VIE,
MAIS PAR SON NOBLE EXEMPLE, POUR APPRENDRE A LEURS FILS
A IMITER CE QU'ILS ADMIRENT, ET, COMME LUI,
QUAND LE DEVOIR L'EXIGE,
A MOURIR POUR SON PAYS.

NEWCASTLE

Newcastle-on-Tyne! Newcastle sur la Tyne, ville de 100,000 âmes, à trois lieues de l'embouchure de cette rivière. Vue à vol d'oiseau, c'est une immense usine, toujours en feu, flanquée d'une immense mine de fer et de houille, et cela dans un rayon de trois à quatre lieues autour du centre, soit un diamètre de six à huit lieues.

Le tout posé aux bords d'un étroit ruban de trois lieues, semé de navires, et qui s'épanouit à une de ses extrémités, à la mer, en une triple forêt de mâts : NORTHUMBERLAND DOCK, rive gauche — TYNE DOCK, rive droite — et la RADE, à l'embouchure, entre les deux.

Parti de Leith, lundi 5 juin 1871, 4 h. soir, et arrivé à Newcastle à 6 h. 33 m. — Première classe, 23 shillings.

La Tyne, devant Newcastle, a environ 125 mètres de large, comme la Clyde devant Glasgow. Les rivières, en Angleterre, ne sont pas grandes, et c'est en partie pour cela qu'il a fallu dépenser tant d'argent à creuser des docks ; situation inverse de la nôtre : ici grande marine (8,600,000 tonneaux) et petites rivières, — chez nous, petite marine (1,100,000 tonneaux) et grandes rivières. Les caboteurs seuls peuvent remonter jusqu'à la ville.

Le 6 juin 1871, 6 h. matin, descendu la rivière en vapeur. Première impression défavorable pour nous, Français, habitué chez nous aux larges quais, bordés de belles maisons. Ici, point de quais. Les usines : ROPE WORKS (corderies), FOUNDRIES (fonderies), ENGINEERING WORKS (ateliers de machines), OIL MILLS (moulins à huile), BOTTLE WORKS (fabriques de bouteilles), BOILER AND FORGE WORKS (ateliers de forge et de chaudières), CHAINS AND AN-

CHOR TESTING WORKS (ateliers d'épreuves pour les chaînes et les ancres), ces usines, vomissant sans relâche le feu et la fumée, sont accroupies au bord même de l'eau, presque dans l'eau dont elles ont le plus grand besoin. Les « coal-spouts, » sortes de vomitoires, ou gueules à charbon pour charger les navires, remplissent l'atmosphère de nuages de poussière. Les approvisionnements de houille, les matières premières, les déchets de toutes sortes, encombrent pêle-mêle les étroits espaces nécessaires à la circulation. Les pierres des quais sont usées par les pas, l'eau, les fardeaux, les flancs des navires. La bordure manque par endroits, et le temps manque sans doute pour la remplacer. Aspect peu séduisant, en un mot, à première impression. Mais derrière tout cela, quelle somme de travail accompli chaque jour! quels résultats! que de fret pour les navires! et comme on voit bien ce qui fait la force d'une marine!

C'est bien le cas, ou jamais, de répéter qu'il faut savoir lire entre les lignes.

Dénombrement des navires :

	VOILIERS BOIS	VOILIERS FER	VAPEURS FER
En rivière (caboteurs et long-courriers). . . .	249	4	82
NORTHUMBERLAND DOCK.	91	2	12
TYNE DOCK	92	»	12
En construction.	1	7	28
	403	40	434

Ensemble, 547 navires d'un port estimé de 280,000 tonneaux.

Plus 150 petits vapeurs bois, à clin, à roues, de 80 à 100 tonneaux environ, comme il y en a dans tous les ports anglais, faisant l'incessant service des remorquages des navires et des gabares à charbon.

Nombre de voiliers et vapeurs des docks sont des bateaux de 1,200, 1,500, 2,000 tonnes de port, venant, chacun à son tour, se placer sous les « coal-spouts, » lesquels pourraient, au besoin, vomir jusqu'à 600 tonnes de houille par jour.

A propos de houille, faisons ici un calcul bien simple, que beaucoup ont fait sans doute, mais qui n'a pas été produit à l'enquête de 1870 sur la marine marchande, présidée par le député de Marseille, M. Bournat.

En 1869, l'Angleterre a extrait de son sol 104 millions de tonnes de houille. C'est là, soit dit en passant, un fret autrement *inépuisable* que celui du Havre.

La tonne vaut 10 fr. ; un chargement de 500 tonnes, 5,000 fr. Cela peut-

peut être mis à bord en un jour, mettons huit jours, puisqu'il faut attendre son tour pour charger.

Chez nous (nous parlons de Bordeaux), un chargement de vin de 500 tonneaux coûterait au moins aujourd'hui 150,000 fr. On prend communément quarante jours pour charger.

Voilà déjà une grande supériorité au compte des Anglais.

Si on ajoute à cela qu'un navire de 350 tonnes de jauge suffit à un chargement de 500,000 kilos houille, et qu'il faut une jauge de plus de 600 tonneaux pour prendre 500 tonnes de vin en barriques, on voit qu'il n'est pas un seul point de la comparaison qui ne soit extrêmement désavantageux au navire français, et que l'armateur anglais, qui peut opérer, dans le cas en question, avec un navire presque moitié plus petit, un capital trente fois moindre, et une économie de temps quatre fois plus grande, a sur nous un incalculable avantage.

Il n'est jamais arrêté. Ne trouve-t-il pas à s'affréter, il opère pour compte. Le télégraphe signale-t-il une hausse du fret dans un port quelconque, il peut faire route huit jours après sur le point indiqué.

L'armateur français, lui, ne trouve pas si facilement 150,000 fr. tout prêts dans sa caisse, ni trente à quarante chargeurs de vin disposés à remplir son navire, et il pourrit à l'ancre.

Compté tribord et bâbord de la rivière :

14 GRAVING DOCKS (docks de carénage).

3 FLOATING DOCKS (docks flottants).

3 PATENT SLIPS (TO CLEAN THE BOTTOM OF THE STEAMBOATS), cales pour nettoyer les carènes des vapeurs.

La rade, dans la rivière même, près de l'embouchure, a deux milles de longueur et la largeur même de la Tyne, qui n'a, là, que 250 mètres. Elle a une certaine profondeur d'eau, car on y voit des navires de tout tonnage. Les plus gros pourtant sont dans les deux vastes docks dont nous avons parlé, Tyne Dock et Northumberland Dock, et qui sont situés à l'entrée de la rade, en venant de Newcastle.

Les navires, 150 environ, sont rangés sur deux et trois rangs, des deux bords, le long des rives, et mouillés avant et arrière, pour ne pas *éviter*, sur des bouées de fer, forme ovoïde fortement renflée entre la flottaison et l'organeau d'amarrage, pour avoir une grande stabilité.

Le milieu de la rivière reste libre pour le mouvement des entrées et des sorties, qui est énorme.

Un des dock-masters nous a affirmé qu'en 1869, il était sorti de Newcastle près de 3 millions de tonnes de houille pour l'exportation, vers tous les points du globe, et environ 2 millions et demi de tonnes pour divers ports du Royaume-Uni, notamment Londres et Portsmouth, qui en absorbent d'énormes quantités : ensemble 5,500,000 tonnes, chiffre presque incroyable, et chargement de 11,000 navires de 500 tonnes de port.

Et nous ne parlons pas des innombrables chargements de briques, de poterie, de plomb des mines du Northumberland, qui sont aussi des matières lourdes, et, les deux premières sortes du moins, de peu de valeur.

Au milieu des bassins, quantité de bouées pareilles à celles de la rivière, pour mouiller les navires qui n'ont pas de place aux quais, et pour faciliter les halages et les déhalages. Aux portes des bassins, de petits cabestans en fonte, à tête ronde, pour entrer et sortir les navires, avec rouleaux aux bords des quais pour empêcher le ragage des aussières. Des échelles en fer (DOCK OR LIFE LADDER) accrochées partout, aux murs des hangars, aux logements des gardiens, aux réverbères même, pour descendre dans l'eau, au besoin, et sauver un homme, ou pour aller larguer les amarres des navires. Le long des quais, de dix en dix mètres, des bornes en fonte à tête arrondie pour le facile capelage des œils des gros câbles, un peu évidées au flanc pour empêcher le décapelage. Tout ici est prévu, étudié, et voilà bien le génie des peuples ! Dans ce pays, en fait d'engins de marine, tout est adouci, tout est rendu commode. Chez nous, on ne sait faire que des coudes et des angles.

Qu'on nous donne un débris de fer ou de bois ayant appartenu à l'armement d'un navire de l'une ou l'autre nation, nous sommes à peu près sûr de deviner son origine aussitôt.

AVIS A NOS SHIP-BUILDERS ET A NOS BLACKSMITHS.

Vieille frégate *amarrée à quatre* devant Tynemouth, faubourg de Newcastle, à l'embouchure de la rivière, c'est la frégate des mousses (BOYS-SAILORS). Notre batelier nous dit qu'il y en a 300.

Pour se figurer le mouvement incroyable de cette petite rivière de la Tyne, de Newcastle à Tynemouth (12 kilomètres), il faut voir sur toute cette longueur, et des deux bords, fonctionner toutes ces usines toujours en feu, et lançant par moments dans le ciel des flammes plus hautes que les plus hautes cheminées; — les puissantes dragues approfondissant incessamment, et à toute vapeur, le lit de la rivière; — les steamboats, toujours bondés de voyageurs, qui arrivent et qui partent, et qui se croisent en tous sens; — les coal-spouts qui, d'une hauteur de 8 à 10 mètres, vomissent en moyenne chaque jour 15,000 tonnes de houille au moins; — l'énorme activité des chantiers de construction ; — les gros navires qui se halent dans les graving docks, ou qui en sortent; — les petits ou même les gros (nous en avons vu de 1,500 tonnes de port) qui, pressés, vont s'arrimer sans plus de façon dans un recoin où la Tyne assèche, et font là leur carène; — 60 ou 80 petits vapeurs (sur 150) toujours en mouvement pour entrer ou sortir les navires, les caboteurs surtout, dont les allées et venues sont continuelles ; pour remorquer, à la descente ou à la montée, des files de 10, 12, 15 gabares, chargées ou vides de houille, ou conduire les bateaux-forges qui vont faire des réparations sur place ; — les portes des bassins qui s'ouvrent ou se ferment pour laisser entrer vides (au lest) et sortir pleins les gros voiliers et les gros vapeurs de 1,000, 2,000, 3,000 tonnes de port ; — et enfin, vers l'embouchure, les flottes de HERRINGS-FISHERS (pêcheurs de harengs), qui partent le matin espalmés et propres, et rentrent le soir chargés à couler bas.

SUNDERLAND

Moins important que Newcastle, mais un peu sa physionomie. — Population : 70,000 habitants.

Nous sommes arrivé ici le 7 juin, à huit heures du matin, par le train de six heures trente, avec un billet de première qui nous a coûté 3 shillings, aller et retour. Cinq ou six lieues de Newcastle à Sunderland.

Sunderland est à l'embouchure même de la Wear, qui n'est plus qu'un ruisseau à deux lieues dans l'intérieur. La largeur de la Wear devant la ville est de 150 mètres environ. Les caboteurs de 200, 300, jusqu'à 400 tonneaux de port, seuls y jettent l'ancre. Les grands navires entrent dans les docks, qui touchent la mer.

Voici les nombres, pris, comme toujours, avec le plus grand soin :

	VOILIERS BOIS	VOILIERS FER	VAPEURS BOIS	VAPEURS FER
SOUTH DOCK (rive droite), 5 grands bassins	98	1	2	13
NORTH DOCK (rive gauche), 1 seul bassin	1	»	»	4
En réparation sur la plage de sable (rive gauche).	1	»	»	»
En construction (rive gauche). .	1	»	»	9
En réparation sur un PATENT SLIP	2	»	»	»
Dans la rivière	63	»	»	6
	169	1	2	32

Ensemble 204 navires, tous ceux dans les docks, voiliers et vapeurs, en général, de fort tonnage, et un certain nombre même de 2,000 et 3,000 tonneaux de port. — Tous les vapeurs, sans exception, à hélice. — Parmi les voiliers, de grands américains déchargeant des merrains et chargeant de la houille.

En plus, dans la rivière, 30 petits vapeurs bois, à clin, et à roues, remorqueurs de 80 à 100 tonneaux, semblables à ceux que nous avons déjà signalés dans tous les autres ports.

Évalué le tonnage général à 145,000 tonneaux.

Six GRAVING DOCKS, grands, deux dans South Dock, et quatre au bord de la Wear.

Trois PATENT-SLIPS.

Midi. Grand frais de nord, coup de vent. Les navires dans les docks, ceux surtout qui sont au milieu, mouillés avant et arrière sur les bouées, roulent mais ne se choquent pas. La mer est à 10 mètres de là.

D'énormes coal-spouts aboutissent à tous ces docks.

Pour aller de North Dock à South Dock, on traverse la Wear dans un bac à rames conduit par un seul matelot. On paie un penny. Mais plus haut, en amont, au cœur de la ville, à 1 kilomètre des docks, on trouve un magnifique pont tout en fer, d'une seule arche de 76 mètres d'ouverture, et haute de 33 mètres au dessus des marées moyennes.

C'est un hardi travail, habilement exécuté. Aussi l'ingénieur a-t-il logé, parmi les ornements du garde-fou, juste au milieu et à la place la plus apparente, une grande plaque de fonte où on lit ces mots :

NIL DESPERANDUM, AUSPICE DEO,

Les plus grands caboteurs, leurs mâts de perroquet calés, passent sous ce pont.

C'est en amont de ce pont qu'on prend le charbon. Là, sur une longueur de 2 kilomètres, un vaste réseau de rails aboutissant tous à la rivière, vient desservir une longue file de vingt-quatre coal-spouts, toujours en activité. Vingt-quatre navires, en ce moment même, sont au-dessous, recevant leur chargement. A quelques pas de nous, nous voyons sortir d'un tunnel un train de 180 wagons de 4 tonnes (TO LOAD FOUR TONS), immédiatement amenés au-dessus des navires les plus rapprochés de nous, et vomis à bord, un par cinq minutes, à chaque coal-spout, soit 480 tonneaux pour dix heures.

Il y a vingt ans, trente houillères, autour de Sunderland, donnaient déjà deux millions de tonnes annuellement, alors que la population n'atteignait pas vingt mille âmes. Quel doit être le chiffre de l'extraction, aujourd'hui que la consommation du charbon et la population ont plus que triplé !

Une si grande quantité de fret à transporter a poussé à la construction des navires à Sunderland. Aussi, la seule petite plage où elle est possible est-elle constamment garnie. Le nombre des navires s'accroît toujours en raison directe du fret : c'est la loi naturelle. C'est pourquoi Sunderland et Newcastle partagent avec Glasgow la presque totalité des commandes de navires, non-seulement de tout le Royaume-Uni, mais d'un très-grand nombre de pays étrangers.

Voilà le magnifique rôle du fret de sortie toujours abondant, toujours bon marché en Angleterre. D'un côté, les navires jamais inoccupés ; de l'autre, l'accroissement formidable de la marine. Cette question, on se le rappelle, c'est M. Thiers le premier qui l'a soulevée à la Chambre, il y a trois ans ; il a éloquemment mis en lumière notre pauvreté relative, et, depuis, nos ports ont été unanimes à confirmer ce qu'il avait avancé. Partout c'est la même plainte, formulée exactement de la même manière, et quotidiennement répétée. Il faut donc croire qu'une des principales causes des souffrances actuelles de notre marine vient de là. — Est-ce qu'il n'y a rien à faire en vue de l'augmentation de ce fret? Sans doute le transport à meilleur marché sur nos chemins de fer et nos canaux amènera dans nos ports une plus grande quantité du fret existant. Mais en vue du fret à créer, tout ce qui est possible a-t-il été fait? Si on donnait une prime (un franc par tonneau, par exemple) au créateur, à l'inventeur d'une nouvelle matière transportable?... L'idée serait-elle étrange? Nous avons sous les yeux un frappant exemple. Il a été signalé l'an dernier, au gouvernement, par M. Bellaigue de Bughas, consul de France à Charleston. Nous voulons parler des phosphates de chaux destinés à la fabrication des engrais chimiques. On en a récemment découvert à Charleston des gisements tellement grands qu'ils sont capables, comme le guano, d'alimenter le monde entier pendant des années. Déjà il s'en exporte pour l'Angleterre de nombreux chargements.

Nous copions les *avis* affichés aux portes des docks, à l'entrée des chantiers, ce sont des traits de mœurs :

No ADMITTANCE, EXCEPT ON BUSINESS.

No PIPES TO BE SMOKED ON THESE PREMISES.

WHOEVER IS FOUND ON THESE PREMISES, UNLESS ON BUSINESS OR LEAVE HAD FROM THE OFFICE, WILL BE PROSECUTED, ACCORDING THE LAW.

ON N'EST PAS ADMIS, SINON POUR AFFAIRES.

ON NE FUME PAS LA PIPE DANS CETTE PROPRIÉTÉ.

QUICONQUE SERA TROUVÉ DANS CETTE PROPRIÉTÉ, A MOINS QUE CE NE SOIT POUR AFFAIRES OU PAR PERMISSION DU COMPTOIR, SERA POURSUIVI CONFORMÉMENT A LA LOI.

Les Anglais n'aimeraient-ils pas qu'on voie ce qu'ils font?
5 heures du soir, rentrée à Newcastle.

CARDIFF

8 juin 1871. Parti de Newcastle pour Manchester et Cardiff, à sept heures du matin, dans un train parlementaire (PARLIAMENTARY TRAIN).

C'est un train à bon marché, qui, par convention entre la Compagnie et le Parlement, est affecté matin et soir au transport des ouvriers sur les mines ou à la ville.

De Newcastle à Manchester, 70 lieues, six heures et 19 shillings. — De Manchester à Cardiff, même cas, à peu de chose près.

Quoique ville centrale, Manchester, la reine industrielle du monde, a pour nous l'intérêt d'une ville maritime. Le monde produit aujourd'hui 13 millions de balles de coton. Les fabriques de l'Angleterre absorbent le cinquième de cette quantité, soit 2,600,000 balles, et Manchester prend à elle seule la moitié de la consommation de l'Angleterre, 1,300,000 balles, soit, à 1,000 balles par navire de 500 tonneaux de port, le chargement de 1,300 navires. Distante seulement de Liverpool comme Bordeaux d'Arcachon, c'est-à-dire de une heure et demie à deux heures, Manchester est un faubourg de Liverpool (la route de l'un à l'autre est une longue rue incessamment encombrée de convois interminables), et c'est Liverpool qui l'approvisionne pour la plus grande part. Nous nous arrêtons quelques heures dans cette métropole, pour ainsi parler, des manufactures de toute l'Angleterre. Combien ce temps est ridiculement insuffisant pour voir, même à vol d'oiseau, une ville de cette importance ! Mais l'heure presse. Ce que nous voulons voir avant tout, ce sont les ports et les docks, et ce qu'il y a dedans.

Visité la Bourse, le *parlement des lords du coton*. A Glasgow nous avons entendu appeler les grands négociants qui habitent PARK-CIRCUS, à l'extrémité orientale de la ville : PRINCES-MERCHANTS : *princes-marchands*. Ici nous entendons nommer les grands manufacturiers : *les lords du coton*.

Le lendemain 9 juin 1871, neuf heures matin, nous prenons un autre train parlementaire et nous arrivons à Cardiff à trois heures soir.

Le premier mot qu'on nous dit à Cardiff, c'est que les ouvriers des mines sont en grève, qu'ils sont payés par l'Internationale; qu'on ne fait absolument rien dans les docks, et qu'il est impossible de charger les navires.

On le voit, une entente au plus vite est nécessaire entre les gouvernements pour exterminer cette Société, qui est partout.

Couru immédiatement aux docks, qui sont les plus spacieux que nous ayons vus jusqu'ici, après ceux de Newcastle :

	VOILIERS BOIS	VOILIERS FER	VAPEURS FER
BUTE DOCKS (2 bassins) :			
Premier bassin	90	»	2
Deuxième bassin.	93	6	2
3 GRAVING DOCKS, où	5	»	»
Dans la TAW, petite rivière.	18	»	»
En grande rade, au large.	7	»	»
En construction.	2	1	3
Dans l'avant-port.	»	»	5
	215	7	12

Ensemble 234 navires, la moitié au moins dans les grandes dimensions, d'un port total estimé de 220,000 tonnes; plus, échoués sur la vase, et à sec dans l'avant-port, 25 petits vapeurs remorqueurs, en bois, à clin et à roues.

Dans les bassins, les navires rangés sur deux ou trois rangs le long des quais, passage libre au milieu.

Parmi les voiliers fer signalés, nous avons remarqué : LIGHTNING, de Londres — EDEN, de Liverpool — COIMBATORE, de Liverpool — ESTRELLA, de Liverpool — CICERO, de Sunderland — tous neufs, ou quasi-neufs, de 2,000 à 3,000 tonnes de port; les plus beaux spécimens de l'architecture navale, vrais vaisseaux de haut bord.

Mais ce qu'il y a de vraiment admirable et de vraiment formidable à Cardiff, c'est l'installation des coal-spouts. Ici, à part un seul côté des bassins, pas de hangars, pas de superbes warehouses comme à Liverpool, par exemple. Houille et fer, on ne voit pas autre chose sur les quais.

Le fer, c'est de la fonte et des rails.

Les deux bassins de BUTE DOCKS ont chacun 800 mètres environ de longueur et 60 à 65 mètres de largeur. Une chaussée de 10 à 12 mètres les sépare dans toute la longueur.

Sur cette chaussée s'appuie une vaste charpente qui supporte à 10 mètres en l'air les rails qui amènent ou emmènent les wagons chargés ou vides de houille.

Les wagons chargés qui arrivent de l'inépuisable vallée houillère de

Merthyr-Tydwil, distante de une à deux heures seulement (8 ou 10 lieues), enfilent le viaduc aérien sur lequel ils trouvent quatorze énormes coal-spouts disposés pour servir les deux bassins, chacun sur un seul de ses côtés de 800 mètres.

Quatorze autres coal-spouts servent l'autre côté de 800 mètres de l'un des deux bassins. Voilà donc les trois côtés bien servis. C'est sur le quatrième long côté de 800 mètres que sont les hangars dont nous avons parlé.

Ensemble, vingt-huit coal-spouts qui peuvent, à 300 tonneaux par jour, vomir chacun 8,400 tonnes, et qui, en réalité, donnent plus de 2 millions et demi de tonnes annuellement.

Nous ne comptons pas les innombrables chargements qui sortent de la Taw par caboteurs.

A ce fret de sortie, il faut encore ajouter 400,000 tonneaux fer.

Notre pays peut-il lutter contre cela ? En présence d'aliments à la sortie tels que ceux que nous venons de constater à Newcastle, à Sunderland, à Cardiff, quelle doit être notre ligne de conduite ? Il nous semble à nous que c'est une duperie que de laisser drainer notre fret de sortie, qui est de 3 millions de tonnes seulement (en poids), par un peuple voisin qui a 18 millions de tonnes à exporter de chez lui, c'est-à-dire qui a un aliment à la sortie six fois plus considérable que le nôtre, comme il a une marine de six à sept fois plus importante; car navire et fret, c'est ongle et chair. Messieurs les Anglais s'en frottent les mains, et, sous de spécieux prétextes de sociétés particulières, de corporations, etc., etc...., ils n'accordent même pas à nos malheureux navires une réciprocité complète de traitement dans leurs ports.

Déjà, dans nos rapports avec eux, nous sommes écrasés par le nombre et surtout par la grande capacité des navires, qui permet de prendre un fret plus bas. Leur tonnage moyen par navire est triple du nôtre. Ils avaient en 1870, 23,000 voiliers avec 7 millions de tonneaux, et 2,400 vapeurs avec 1,600,000. Nous n'avions, même date, que 5,000 voiliers avec 900,000 tonneaux, et 300 vapeurs avec 200,000. (Tous ces navires au-dessus de 50 tonneaux.) C'est-à-dire que leur marine à vapeur seule dépasse de près d'un tiers toute la nôtre, voile et vapeur.

Nous sommes écrasés aussi par l'abondance chez eux des capitaux maritimes, et par une organisation commerciale plus vaste et plus forte.

C'est une duperie aussi de nous laisser drainer par les petits pavillons, Suédois — Danois — Russes — Grecs — Autrichiens, qui, réunis, forment un tonnage supérieur au nôtre; par les Norwégiens et les Allemands, par les Italiens, séparément aussi nombreux que nous; par toutes ces nations qui ont les matières premières de la contruction, la main d'œuvre, l'équipage, la nourriture à un tiers meilleur marché que nous — qui ne sont pas sur notre route de long cours, et qui n'ont conséquemment rien à nous donner.

Car, dans les conditions actuelles, la lutte avec tous ces pays nous est absolument impossible. Ils ont des avantages naturels contre lesquels toute l'activité et toute l'intelligence ne peuvent rien.

La lutte n'est pas possible non plus avec les grands navires américains, qui se contenteront toujours d'un fret plus bas que nous. D'ailleurs, le tonnage américain, malgré 1,000,000 de tonnes disparues pendant la guerre de la sécession, reste triple du nôtre, avec 7,000 voiliers de 2,400,000 tonneaux, et 600 vapeurs de 500,000, en 1870, tous navires au-dessus de 80 tonneaux. Quant au fret de sortie, on sait qu'ils en ont un presque inépuisable dans leur seule récolte du coton, qui donne annuellement plus de 5 millions de balles, et au transport de laquelle nous ne pouvons participer que d'une manière tout à fait insignifiante, nos navires étant beaucoup trop petits.

Le mal fait à notre pays est même déjà grand; car, toutes les statistiques le démontrent, le pavillon étranger envahit tous nos ports d'une manière inquiétante.

Il faut de toute nécessité ou rétablir le droit de tonnage et les surtaxes de pavillon et d'entrepôt, ou subventionner les armements. (On sait que le comité spécial chargé par le Congrès des États-Unis de rechercher les moyens de remédier à la décadence du commerce maritime a, le 17 février 1870, proposé l'octroi à tous steamers et voiliers, de primes allant à 1 1/2 livres sterling, 3 livres, 4 livres par tonne, suivant la navigation.

Et nous sommes libre-échangiste convaincu pourtant! Oui, nous croyons que beaucoup de barrières doivent tomber encore! Oui, nous avons foi dans la liberté pour l'accroissement des affaires!

Mais le libre-échange universel, absolu, tel que plusieurs l'entendent, ce nous semble être un rêve, comme l'unité des poids et mesures, comme l'unité des monnaies, comme l'unité des méridiens, comme l'unité des langues. Le monde ne verra pas cela, parce que ce serait la perfection.

Le libre-échange n'est praticable, à notre sens, que dans la mesure des traités distincts et séparés avec chaque nation, traités stipulant une réciprocité complète, procédant par catégories d'industries, et tenant compte surtout des avantages et des désavantages naturels. C'est du reste la pensée qui se dégage de l'ensemble de l'enquête de 1870 sur la marine.

Que pourraient donner à la France, en échange de sa marine anéantie, toutes les nations que nous avons nommées? Existe-t-il un équivalent possible? Est-ce que de grands marchés, par exemple, de vastes entrepôts nous dédommageraient de cette perte dans l'avenir?

Nous nous contentons de répondre avec Lalande (*Abrégé de Navigation*) : « *La marine a toujours fait le destin des empires.* »

Les Anglais voudraient bien s'emparer de tous nos transports, c'est là leur éternel objectif. Ils savent que du même coup qui ferait de nous leurs tributaires (et Dieu sait alors comment ils nous traiteraient), ils nous feraient descendre du premier rang que nous occupons parmi les peuples. Car le libre-échange est tout autant pour eux une politique qu'une conviction.

A qui du reste profite l'abaissement du fret par la libre concurrence ? Est-ce au consommateur ? Tout le monde sait que non. Et quand même ! Le calcul de l'abaissement du prix d'une tasse de café ou d'un mètre de drap n'a-t-il pas été fait, et très-spirituellement ? Le gain sur le fret sort tout simplement de la poche de l'armateur pour passer dans celle du manufacturier, qui vend toujours le même prix la même pièce... à moins pourtant que ce gain ne soit resté dans la poche du chargeur étranger.

Il nous semble plus naturel et plus juste qu'il reste à la marine. La marine du reste le paie tous les jours de sa liberté, que l'État lui prend, et quelquefois de son sang, que l'État lui demande aussi, quand les circonstances l'exigent.

Mais on dit : « Pourquoi cette exception ? Cette liberté, donnez-la à la marine comme aux autres industries, appliquez-lui le droit commun. Imitez les Anglais. »

Puisque au temps de guerre tout peuple est forcé de faire appel à ses marins, nous préférons, nous, au régime barbare de la « presse », le fonctionnement constant et régulier de l'inscription maritime. On ne renverse pas du jour au lendemain l'expérience accumulée de deux siècles. L'inconnu est derrière. La « presse » ne serait pas dans nos mœurs. Le recrutement ne donnerait pas les résultats promis. L'inscription maritime n'a qu'un défaut : être vieille. Nous n'entrevoyons qu'un remède : la rajeunir.

Peut-on d'ailleurs invoquer le droit commun pour la marine, et, après lui avoir refusé une protection dont elle ne peut se passer, se contenter de demander pour elle une liberté impossible à lui donner ? La marine, en un mot, est-elle une industrie « *comme une autre ?* »

Nous ne le pensons pas.

A n'envisager que le côté marchand, on peut affirmer, sans être taxé d'enthousiasme, que les services rendus par elle sont des services d'un ordre supérieur.

Par les débouchés qu'elle ouvre au commerce, par les hommes énergiques qu'elle fait et qu'on trouve au besoin, par les hasards extraordinaires qu'elle court, par les privations qu'elle endure, par les dangers qu'elle affronte (voir plus bas le sinistre de la *Normandie*), et tout cela pour un bien maigre salaire; enfin, par les *hautes* et *profondes* connaissances qu'elle exige, témoin les magnifiques travaux du lieutenant Maury, elle s'est élevée à une situation exceptionnelle, nous osons le dire : elle sort du rang.

Si quelques intéressés lui refusent ce privilége, le monde entier le lui accorde.

Qu'est-ce donc au point de vue militaire, au point de vue de la nation, dont elle fait connaître, aimer, respecter le drapeau sur tous les points du globe, et dont elle est en même temps la force, le prestige et la grandeur?

On peut chercher à ravaler notre flotte commerciale en estimant à 80 millions seulement son matériel actuel, et à 2 milliards les capitaux engagés dans les chemins de fer.... Il faudrait, ce semble, tenir compte de la valeur de notre matériel de guerre, 1,400 millions en 1858, car les deux marines *sont inséparables*, elles vont de conserve, et diminuer l'une, c'est amoindrir l'autre.

Mais, peu importe ! les vrais termes de comparaison ne sont point là.

Pour revenir à notre sujet, Cardiff a aujourd'hui de 15,000 à 20,000 habitants tout au plus. Elle est bâtie sur la rive gauche de la Taw, qui a 25 mètres de large à l'embouchure, et ne reçoit que les plus petits caboteurs. L'avant-port assèche de basse mer, et, à chaque marée, on peut y voir les 40 ou 50 navires qui s'y réfugient, commodément assis sur la vase. La rade, abritée des vents d'ouest, est très-sûre.

Copié à l'entrée des docks, au milieu d'une grande place, le tableau suivant, écrit en lettres de 10 centimètres, et élevé à 3 mètres sur deux fortes tiges de fer :

BUTE DOCKS CARDIFF	DOCKS DE BUTE-CARDIFF
TABLE OF RATES UNDER THE BUTE DOCKS ACT 1865	TARIFS DANS LES DOCKS DE BUTE ACTE DE 1865
Tonnage rates. . . . . »	Droits de tonnage . . . . »
Wharfage rates. . . . . »	— de quai. . . . . »
Rate for the use of the cranes . . . . . »	— d'usage des grues. . . . . »
— for the use of shearlegs. . . . . . »	— d'usage des bigues . . . . »
— for masting or dismasting vessels and for bowsprits. . . . . »	— pour mâter et démâter les navires et les beauprés. . . . . . »
— for putting and taking off tops . . »	— pour capeler et décapeler les hunes . . . . »
— for the discharge, removal and deposit of ballast . . . . »	— pour décharger, enlever et déposer le lest . . . . »
GEORGE JOHNSON, DOCK-MASTER.	GEORGE JOHNSON, CHEF DE DOCK.

NOTA. — Nous avons négligé les chiffres, notre but étant seulement de montrer le soin de l'administration à mettre à la portée du public tous les renseignements utiles.

SOUTHAMPTON

Parti de Cardiff pour Southampton par le train de dix heures du matin, le 10 juin 1871, et arrivé à trois heures après-midi : cinq heures de route, 60 lieues ; 1re classe, 25 shillings.

Il y a vingt-cinq ans, 20,000 habitants ; 35,000 environ aujourd'hui. Les caboteurs seuls pouvaient y venir autrefois. Maintenant, grâce aux docks, les plus grands steamers y mouillent commodément. Sans les docks, cette ville, qui a peu de manufactures, qui n'a relativement qu'un faible commerce de marchandises, qui a perdu ses chantiers de construction depuis que tous les navires se font à Newcastle et Glasgow, cette ville serait tout-à-fait insignifiante aujourd'hui.

Mais, grâce aux docks, sa physionomie a totalement changé. C'est une physionomie moyenne, pour ainsi parler, entre le port de guerre et le port de commerce. Southampton est la ville des grands steamers (ces steamers qui joueraient un si grand rôle si la guerre éclatait), le rendez-vous des émigrants irlandais, allemands, suisses pour toutes les parties du monde, le point de départ et d'arrivée le plus important de la correspondance et des métaux précieux de tous les pays.

	VAPEURS FER		VAPEURS BOIS	VOILIERS BOIS
	A HÉLICE	A ROUES	A ROUES	
SOUTHAMPTON DOCK 2 bassins et 3 GRAVING DOCKS de 160 mètres	23	3	1	8

Vapeurs de 2,000 à 3,000 tonneaux de port, voiliers de 800 à 900 tonneaux de port, ensemble de 65 à 70,000 tonnes.

Les deux bassins, d'un aspect grandiose, non-seulement à cause de leur étendue, mais à cause des magnifiques coques de navires qu'ils contiennent, sont faits pour contenir trois fois ce tonnage, soit environ 100 navires de plus de 200,000 tonneaux, chiffre dont les deux tiers sont atteints par moments.

70,000 tonneaux, chiffre d'aujourd'hui 10 juin 1871, c'est le tonnage devant Bordeaux au 24 juin 1871. Ce tonnage pourra paraître bien petit pour un port anglais, et ne donnera pas une juste idée de l'importance des docks de Southampton. Mais il faut songer à la fréquence des entrées et sorties des grands et beaux steamers qui les visitent, et qui entretiennent des relations suivies avec tous les centres importants de la Méditerranée, de l'Inde, de la Chine, de l'Australie, des Antilles, du Brésil, de la Plata, des mers du Sud et de la Californie, c'est-à-dire tous les centres importants du monde.

JERSEY

Port franc, à 6 lieues des côtes normandes. Population de l'île : 60,000 habitants, dont 30,000 à Saint-Hélier, ville chef-lieu.

La baie de Saint-Aubin, en face de Saint-Hélier, est vaste et sûre. Elle est bien défendue par une forteresse et deux forts. Elle pourrait contenir une petite flotte; mais là encore le système des docks a prévalu, et pas un navire ne reste en dehors.

Ce sont deux grands bassins sans porte, parallèles et séparés par une chaussée de quelques mètres comme ceux de Cardiff, et capables d'abriter ensemble 60 à 80 caboteurs.

Nous y comptons une vingtaine de voiliers en bois, anglais et français, de 100 à 400 tonneaux de port, et 7 ou 8 vapeurs anglais, fer, voyageant entre Jersey et la France, Jersey et l'Angleterre.

De basse mer ces bassins assèchent, et les navires reposent sans fatigue sur un fond de vase molle.

Il y a *encore* autour de l'île, nous dit en très-bon français le dock-master, figure moitié anglaise moitié française, 4 ou 5 navires bois en construction.

Sept ou huit ans seulement avant l'apparition des coques en fer, il y en avait constamment 40 à 50. Jersey construisait bien. De grands armateurs de Londres lui envoyaient des commandes. Bref, Jersey était à cette époque le cinquième port de l'Angleterre comme production de navires. Aujourd'hui, chantiers déserts. La houille et la tôle à faire venir, ce serait trop cher, dit-on. Jersey produit beaucoup de bois, ce qui explique les constructions en bois.

Le service entre Jersey et la France était fait autrefois par des vapeurs français, mais ils ne faisaient pas leurs frais. Depuis quelques années, les Anglais, toujours habiles, l'ont acheté, et ils font des bénéfices. Ajoutons qu'ils ont eu le bon esprit de ne pas renvoyer les capitaines français, qui commandaient les bateaux depuis 1842. Le sens pratique dominant même le sens politique.

Le vapeur qui nous a porté de Southampton à Jersey est la *Fanny*, de Southampton, en fer, 240 chevaux effectifs, port brut 550 tonneaux, consommation de charbon 20 tonneaux par 24 heures. Embarqué à huit heures du soir, 10 juin 1871, nous avons laissé tomber l'ancre dans la baie de Saint-Aubin, le 11 à sept heures du matin, après onze heures de route. 1ʳᵉ classe : 25 francs.

12 juin 1871. Pour rentrer en France par Granville, pris le vapeur *Wonder*, en fer, de Southampton, 140 chevaux effectifs et 350 tonneaux de port brut, consommation de charbon 15 à 16 tonneaux par 24 heures. Voyage de deux heures et demie. Prix : 10 francs.

Granville a deux beaux bassins *tout neufs* et un troisième en construction. Nous y comptons un voilier bois (un!), 500 tonneaux de port, le *Victor-Eugène*, en charge pour Saint-Pierre-Miquelon, et quelques rares caboteurs. Il est vrai qu'on nous dit que tous les autres navires sont à la pêche.

N'oublions pas ce monument et cette inscription pris sur un roc, au moment du départ, à Jersey, au bord de la mer :

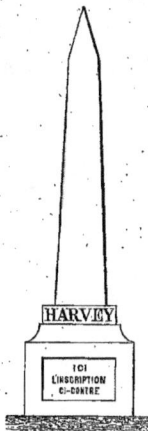

TO NOBLE HEROISM	AU NOBLE HÉROÏSME
NORMANDY	NORMANDIE
LOST BY COLLISION IN CHANNEL IN A FOG	PERDUE PAR COLLISION DANS LA MANCHE DANS UN BROUILLARD.
H. B. HARVEY, COMMANDER —	H. B. HARVEY, CAPITAINE —
J. OKLEFORD, CHIEF-MATE —	J. OKLEFORD, SECOND.—
R. COCKS — C. MARSHAM, ENGINEERS —	R. COCKS — C. MARSHAM, MÉCANICIENS —
P. RICHARDSON, CARPENTER —	P. RICHARDSON, CHARPENTIER —
J. COLEMAN — M. HOSKINS,	J. COLEMAN — H. HOSKINS,
J. WADMORE, SEAMEN —	J. WADMORE, MATELOTS. —
A. CLEMENT, BOY —	A. CLÉMENT, MOUSSE —
J. ALLEN — C. CADICK — J. HEAD,	J. ALLEN — C. CADICK — J. HEAD,
W. STAIRS — H. WALLER, FIREMEN —	W. STAIRS — H. WALLER, CHAUFFEURS —
G. ROLPH — W. ROLPH, TRIMMERS,	G. ROLPH — W. ROLPH, SOUTIERS,
GIVING UP THE BOATS TO PASSENGERS STOOD BY THEIR SINKING SHIP, AND SANK WITH HER AT EARLY MORN MARCH, 17 — 1870	DONNANT LES EMBARCATIONS AUX PASSAGERS, SONT RESTÉS SUR LE NAVIRE COULANT BAS, ET ONT COULÉ AVEC LUI AU POINT DU JOUR LE 17 MARS 1870.
ERECTED BY THE FORESTERS OF JERSEY.	ÉLEVÉ PAR LES FORESTIERS DE JERSEY.

HARVEY

ICI
L'INSCRIPTION
CI-CONTRE

RÉCAPITULATION DES NAVIRES

	VOILIERS BOIS	VOILIERS FER	VAPEURS BOIS	VAPEURS FER
LIVERPOOL.	390	36	»	145
GLASGOW et GREENOCH..	68	13	»	135
LEITH.	33	»	»	27
NEWCASTLE.	403	10	»	134
SUNDERLAND.	169	1	2	32
CARDIFF.	215	7	»	12
SOUTHAMPTON.	8	»	1	26
JERSEY.	20	»	»	7
	1306	67	3	518

Soit, sur près de 1,900 navires, presque le tiers en fer, plus du quart à vapeur.

A vous, maintenant, messieurs les jeunes officiers de la marine marchande, de tirer les conclusions de ce travail!

Bordeaux, le 1er juillet 1871.   E. G.

Bordeaux.— Imprimerie de J. Delmas, rue Sainte-Catherine, 159.

www.ingramcontent.com/pod-product-compliance
Lightning Source LLC
Chambersburg PA
CBHW060524210326
41520CB00015B/4302